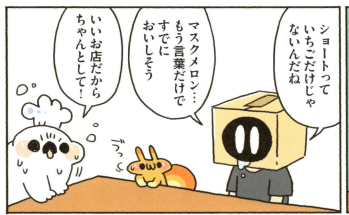

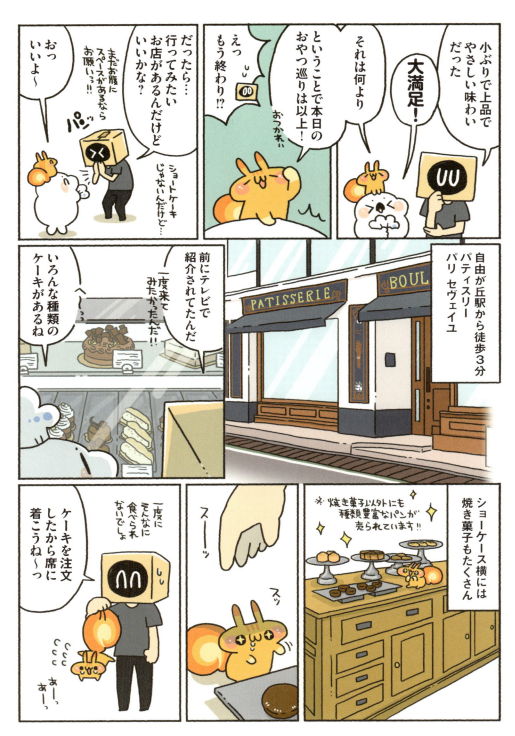

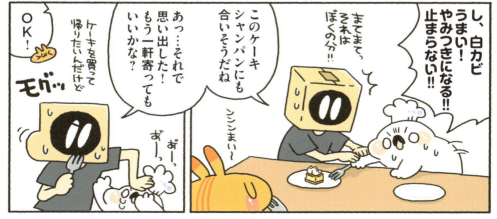

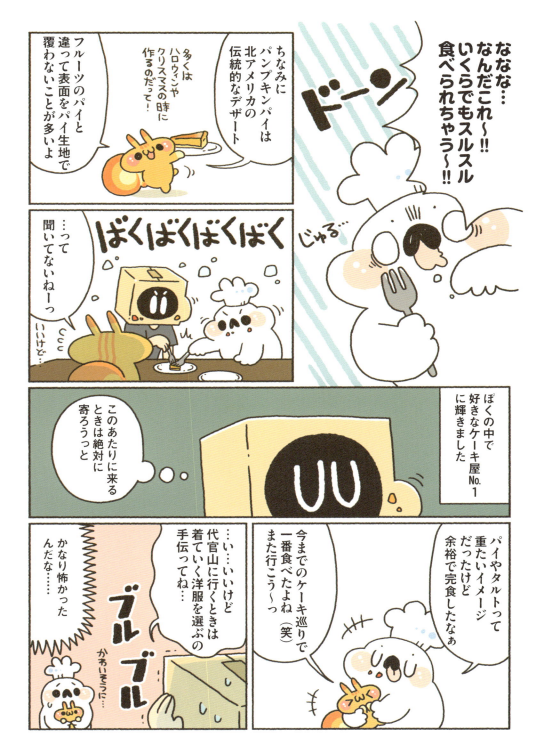

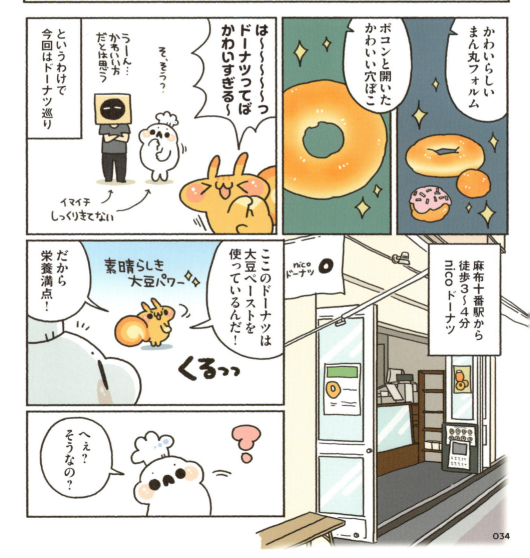

大豆は「畑の肉」と呼ばれるくらいたんぱく質が多いんだ

他にもビタミン、ミネラル、食物繊維など、たくさ〜ん

あとね

大豆を使った生地は油を吸収しにくいからマロくんにもぴったりだよ!

えっ ホントに!?

って余計なお世話だ!

プレーン ¥170

もっちもっち弾力がある食感で生地の密度が高い!!

ドーナツ1個に大豆11粒が丸ごと入っているらしい◇◇

きなこミルク ¥190

口溶けのよいきなこパウダーがまぶしてあり、とっても上品。
優しい甘さとミルクの風味が良い〜

はちみつかぼす ¥190

カボスの果汁と皮を、たっぷり使ったグレースは、甘酸っぱい!

さっぱりしているので、いくつでも食べられちゃう一品

(※期間限定商品)

さわやか…コレスキ!!

甘～い
コアントローの
シロップが
刺さっている！

ふわ～
ふわ～

コアントロー　クリーム　ブリュレ
COINTREAU CREME BRULEE
※アルコールが使用してあります　￥410

クリスピーブリュレがコーティングされている
甘酸っぱくて、パリパリ食感

生地はとってもフワフワ～

中には濃厚な
マダガスカルバニラ
プディングが!!

トロ～

ピスタチオ

ラズベリー　ピスタチオ
RASPBERRY PISTACHIO
￥410

ハイビスカスティーとラズベリーの
グレースは酸味が効いてる!!

生地は柔らかめで、ホロホロ溶ける～
表面はサクサク!!

ホロッ

メープル　ベーコン　フリッター
MAPLE BACON FRITTER
￥410

ベーコンとポテトが練り込まれた
フリッター生地は塩味強め！
食感はシュー生地のようにモチモチッ
スパイスも効いている（期間限定メニュー）

甘～いメープルのグレース
生地と一緒に食べると、メープルの香りが
よくマッチして、美味しい！
アメリカの朝食をイメージして作られている

ガルッ
ジュワ～

他にも…

ジンジャー＆ライムモヒート
こちらもお酒を使用してある
ドーナツで、ホワイトラムに
生姜とライムを絞ったグレーズ
がかかっている
（期間限定メニュー）

メキシカンチョコケーキ
ピリッとしたカイエンペッパーが
効いたクリーミーチョコグレーズが
かけてある。生地はチョコケーキ
のドーナツ！（期間限定メニュー）

──などなど、珍しい味がたくさんっっ

フルーツパフェ

洋菓子No.8

Perfect！
(完璧！)

フランス語の Perfait（パルフェ）からきてるよ

…という由来から名づけられたパフェを食べ歩いちゃおう！

パフェ……それはアイスや果物が美しく飾られたデザート

ひと口食べれば「完璧なデザートだ！」と思わずにはいられない

ここ！知ってる！めちゃ高級な果物を売っているお店だ！

パフェもやっているのか！

新宿駅東口より徒歩1分
タカノフルーツパーラー

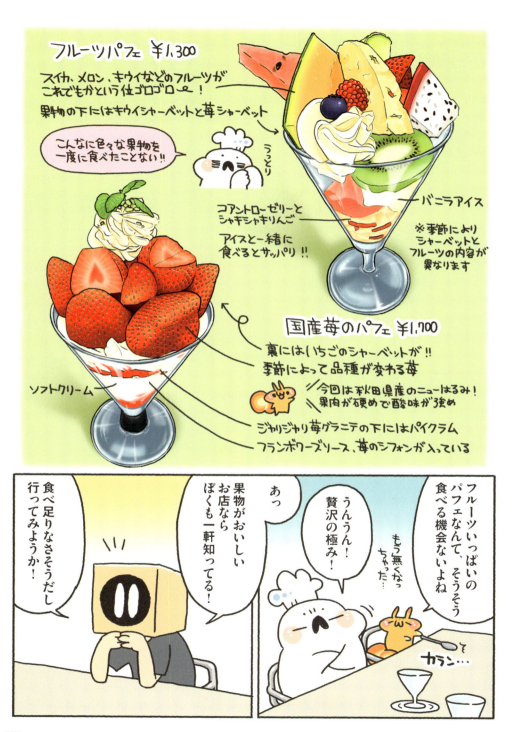

ぼくの新作レシピ①

もちもちアップルクレープ

春巻きの皮に卵液を浸したら……なんと！おいしいクレープ生地が手軽にできちゃうんです！

材料 （2人分／4個）

- りんご…1/2個
- **A** ┌ バター…20g
  └ 砂糖…15g

- **B** ┌ クリームチーズ（常温）…50g
  ├ 生クリーム…80g
  ├ 砂糖…15g
  └ レモン汁…少々

- **C** ┌ 卵…1個
  ├ 牛乳…60ml
  ├ 砂糖…15g
  └ バニラエッセンス…少々

- 春巻きの皮（大判）…4枚
- シナモン…適宜

作り方

1. フライパンに **A** を入れて火にかけ、皮つきのまま8等分のくし切りにしたりんごを加え、中火で水分をとばす。

2. ボウルに **B** を入れ、ハンドミキサーでよく泡立てる。

3. 別のボウルに **C** を入れて混ぜ、春巻きの皮1枚をやわらかくなるまで両面浸す。

4. 皿にラップを敷いて **3** の皮を広げ、さらに上からラップをかける。電子レンジで30秒加熱する。

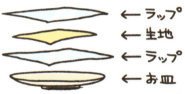

← ラップ
← 生地
← ラップ
← お皿

5. **4** に **2** のクリームと **1** のりんごをのせ、お好みでシナモンをかけて巻いたら完成！

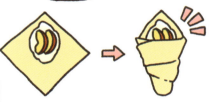

🥄 マロくんポイント 🍴

- ☑ **1** のりんごにレーズンを加えてもおいしい！
- ☑ 加熱した春巻きの皮は完全に冷めてから具を巻くと、クリームがだれずに上手にできるよ

ぼくの新作レシピ② とろとろアーモンドパンケーキ

塩気の効いたパンケーキにアーモンド風味のミルクソースがおいしいパンケーキです。

材料 （2人分／4枚）

牛乳…300ml
レモン汁…小さじ1

A [バター…10g
    強力粉…大さじ1

B [生クリーム…70ml
    アーモンドプードル…20g
    砂糖…大さじ1

C [卵…1個
    ヨーグルト…大さじ3

D [薄力粉…160g
    片栗粉…15g
    ベーキングパウダー…5g
    砂糖…20g
    塩…小さじ1/6
    アーモンドパウダー…適宜

作り方

① フライパンで **A** をよく炒め、弱火にして牛乳 **200ml** を少しずつ加えながら混ぜ、クリーム状にする。**B** を加え、なめらかなアーモンドクリームを作る。

② 耐熱コップに牛乳 **100ml** を入れ、電子レンジで **30** 秒加熱する。レモン汁を加え、スプーンで混ぜて分離させる。

③ ボウルに **2**、**C** を入れて泡立て器でよく混ぜ、**D** を加える。

④ 泡立て器ですくっては落とすようにして **10** 回ほど混ぜ、すぐにフライパンに流して弱火で3分、裏返して **2** 分ほど焼く。

⑤ 皿に **4** を2枚のせ、上から **1** のクリームをかけ、アーモンドパウダーをかければ完成！

🥄 マロくんポイント 🍴

☑ **1** の牛乳は最後まで気を抜かず、少しずつ加えて混ぜるのがコツ！

☑ パンケーキを焼くときは、生地にポツポツと穴があいてきたらひっくり返す目安だよ！

ぼくの新作レシピ❸ 濃厚ヨーグルトティラミス

ヨーグルトを一晩水切りしてホイップクリームを混ぜるだけで、ヘルシーなのにまったり濃厚クリームができちゃうんです！

材料

材料（2人分／2個）

無糖ヨーグルト…200g
カステラ…3切れ
ココアパウダー…適量

A ┌ ホイップクリーム…40g
  └ 砂糖…大さじ1

B ┌ インスタントコーヒー…大さじ1
  │ 砂糖…大さじ1
  └ お湯…100ml

作り方

1. コーヒーフィルターにヨーグルトを入れてラップをかけ、一晩おいて水切りする。

2. ボウルに **1** を移し、**A** を加えて混ぜ合わせ、ヨーグルトクリームを作る。

3. 別のボウルに **B** を入れて混ぜ、コーヒーシロップを作る。カステラを浸して容器の底に敷く。

4. **3** に **2** のクリームを盛り、上からココアパウダーをかければ完成！

🥄 マロくんポイント 🍴

- ☑ コーヒーシロップの代わりに抹茶＋お湯＋砂糖で作ったシロップをカステラに浸し、クリームの上に抹茶パウダーをかければ抹茶ティラミスになるよ！

- ☑ カステラをスポンジ生地に変えてもOK！

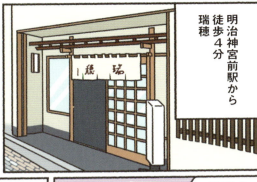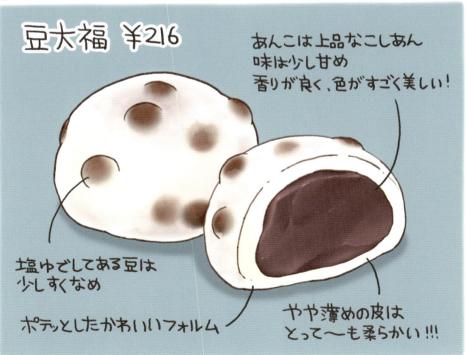

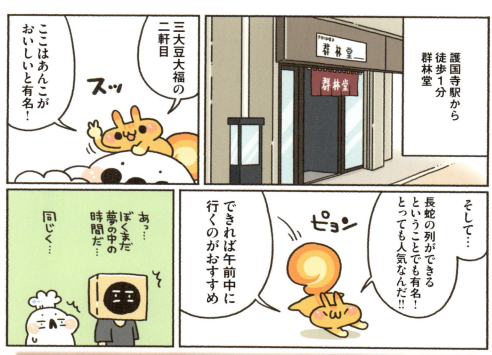

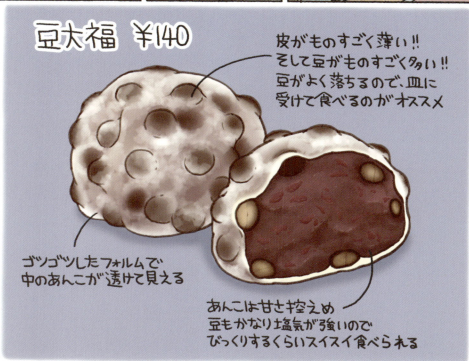

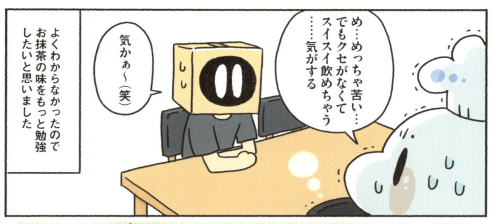

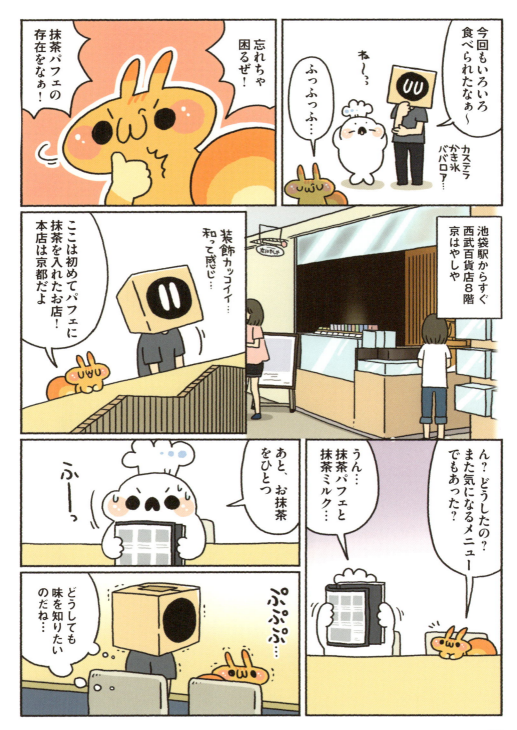

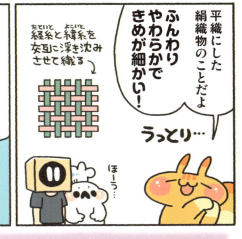

あんみつ

和菓子 No.5

缶詰めのサクランボって何か…イイよね

今回は和の夏菓子あんみつを食べ尽くしちゃお！

まずは原点のお店に行くよーっ

ばびゅんっっ

銀座駅徒歩1分
あんみつ発祥の店
銀座 若松

あんみつの始まりは実は「みつ豆」でね

そうなの!?

確かに似てるっ

「もっと甘いものが食べたい」という常連客の声をもとにみつ豆にこしあんをのせたのが始まりさ！

【みつ豆】
赤えんどう豆、寒天、果物、求肥、黒蜜 etc

キラーン

ちなみに、もともと若松はお汁粉屋さんだったんだって

美味しいこしあんを乗せたから、ヒットしたのだろうねーっ

ナルホド〜

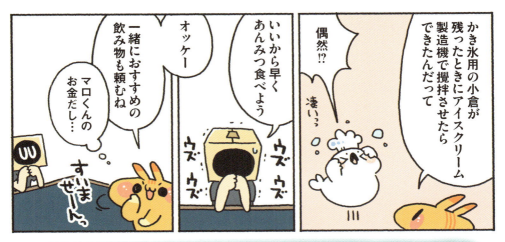

ぼくの新作レシピ④

つるつる〜ココナッツ汁粉

豆腐で練った白玉団子は冷たくしても時間がたっても、もっちもち！今回はアジアンテイストのお汁粉でどうぞ。

材料 （2人分）

A
- 白玉粉（すりつぶす）…40g
- 絹豆腐（水切り不要）…50g

水…小鍋に半分くらい

B
- 牛乳…160ml
- 小豆（缶）…160g
- ココナッツミルク…160ml
- 塩…2つまみ

練乳…適宜

作り方

1. ボウルに **A** を入れ、白玉粉のダマがなくなるまでよく混ぜる。10等分にしてまるめる。

2. 小鍋に半分くらいのお湯を沸かし、**1**の白玉団子をゆでる（白玉が浮かんできてから1分程度ゆでればOK）。

3. 小鍋に **B** を入れて加熱し、お好みで練乳を加えて味を調える。

4. **3** に **2** の白玉団子を加え、沸騰直前まで温めたら完成！

🍴 マロくんポイント

☑ 白玉粉は使う前にビニール袋に入れ、麺棒やビンの側面でごろごろ潰すと、**1**で混ぜやすい！

☑ お汁粉は冷たく冷やしてもおいしいよ〜っ

ぼくの新作レシピ ⑤

もちもち生クリーム大福

豆腐と白玉粉で作った生地で、抹茶餡、ごま餡とホイップクリームを包みました。冷たくておいしい大福です。

材料　（抹茶大福、ごま大福各4個分）

A［抹茶パウダー…小さじ1/2
　　砂糖…小さじ1］

B［黒練りごま…小さじ1/2
　　黒すりごま…小さじ1
　　砂糖…小さじ1］

白花豆の煮豆（市販）…140g
片栗粉…適量

C［白玉粉…50g
　　絹豆腐（水切り不要）…80g
　　砂糖…20g
　　水…25ml］

ホイップクリーム（市販）…適量

作り方

1. 白花豆を袋の上から手で押してよく潰す。

2. 1を半量に分け、器に入れる。それぞれに **A**、**B** を加えてよく混ぜ、2種類の餡を作り、冷蔵庫で冷やす。

3. ボウルに **C** を入れ、よく混ぜたら電子レンジで1分加熱し、よくかき混ぜる。これを3回繰り返す。

4. まな板に片栗粉をふって **3** をのせ、生地の上にも片栗粉をまぶす。長方形にのばし、包丁で8等分にする。

5. 4の皮に2の餡とホイップクリームをのせ、ねじるようにして餡を包めば完成！冷やしてから召し上がれ。

ラップはかけなくてOK～!!

片栗粉は多めに使うとやりやすい～

ねじるようにすると皮がくっ付く～

🥄 **マロくんポイント** 🍴

☑ 餡を包むときは、生地を冷ましてからにすると上手に包めるよ！

☑ 抹茶餡、ごま餡以外に小豆餡やスイートポテトを包んでもおいしい！

取り寄せおやつ❶ プリン
PUDDING

ファーム・ヌーボーの **ひよこプリン**
5個入り ¥1,260

プリンの中には生クリームがた〜っぷり

何これ〜！かわいすぎる！

うお　おおっ

OPEN!!

← 紙で出来た丈夫なパック

入れ物は卵パック✧
それもそのはず…ファーム・ヌーボーはブランド卵を販売する鶏卵農家直営の販売店！

まさに卵やさんのプリンって感じでシャレているなぁ

人気の理由はなんといっても、この見た目！

本物の卵の殻の中にプリンと生クリームが入っており、ひよこクッキーをのせれば、まるでひよこが卵から出てきたかのよう…!!!

キャッ キャッ

これは、全部ひよこをプリンに入れてあげたくなっちゃうね〜っ

見た目がかわいいだけじゃない‼︎ 味も絶品〜っ

なんとこちらのプリン、2006年に開催された「プリン博覧会」でグランプリを獲得していて、とってもンンンまい〜っ

ミルクの味が優しい淡い焼き色のクッキー

卵黄だけを使っているプリンは、卵の風味がしっかりと感じられる…

また、焼きプリンなのにとってもなめらかで、とろける口溶け‼︎ サイズは小さめだけど、食べごたえも満足感も充分の一品

女性にとっても喜ばれるのはモチロン、小さい子供がいる家族にも、オススメの一品だね――っ‼︎

ほっこり…

確かに…ロールくんもずっと遊んでるもんね

キャッ キャッ
※ぴの大人

SHOP DATA

ファーム・ヌーボー
北海道千歳市長都駅前 4-8-4
営業時間：11:30〜17:00　定休日：不定休

取り寄せおやつ❷
バームクーヘン
▶ BAUMKUCHEN ◀

ふわっっ

せんねんの木の
**せんねん
輪うむ**
Sサイズ　¥880

あれ…いつもの
バウムとは
触り心地が
違うぞ…!?

もふもふ

若鶏限定の「ぷりんせす・エッグ」を使用しており、卵の風味が広がる！
シンプルなのに、ずっと食べ続けてしまう美味しさ

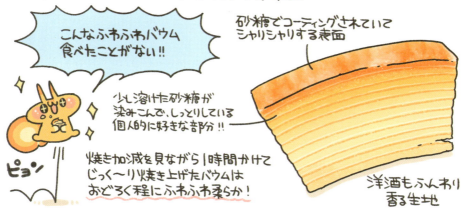

こんなふわふわバウム
食べたことがない!!

砂糖でコーティングされていて
シャリシャリする表面

少し溶けた砂糖が
染みこんで、しっとりしている
個人的に好きな部分!!

焼き加減を見ながら1時間かけて
じっく〜り焼き上げたバウムは
おどろく程にふわふわ柔らか！

洋酒もふんわり
香る生地

ピョン

プチバウムケーキ
6個入りセット ￥2,980

とろなまバウムクーヘンシリーズが 小さい可愛い
サイズになったもの！6つの味が楽しめる
冷凍で届くので、アイス+バウムを楽しむのもヨシ！
解凍してトロトロ食感を楽しむのもヨシ！

4種のベリームース
いちご、ブルーベリー、カシス、フランボワーズの
ムースがバウムの上にのっている。
ムースは香りが良く、しっかり甘酸っぱい！

マンゴーヨーグルト 輪うむ
バウムの上にヨーグルトムースをのせ、その上から
濃厚なマンゴーソースがかかっている。さっぱりと
しているのに深みがあり美味しい

ティラミス 輪うむ
エスプレッソを染み込ませたバウムに、
マスカルポーネたっぷりのムースがのせられていて
全体にほろ苦なココアパウダーがまぶしてある
香りがとっても良く、大人が楽しめる一品

もぐもぐ

「バウムは一枚一枚
はがして食べる派だけど
勿体無くて出来ない!!」

まだまだあるよ！他3種！

チョコ 輪うむ
バウムにほろ苦チョコムースが
のっていて、上から甘いチョコが
たっぷり！チョコ好きに是非！

せんねんの木ブリュレ
バウムに特製シロップが染み
込ませてあり中はしっとり～！
表面はさとうきびがまぶして
あるのでシャリシャリッ

抹茶 輪うむ
バウムにほのかな甘みと渋み
がある抹茶ムースがON！
少し酸味のあるソースが合う～

SHOP DATA

せんねんの木 君津店
千葉県君津市南子安 5-28-8
営業時間：10:00～19:00
定休日：月曜（祝日の場合は翌日休）
せんねんの木オンラインショップ：http://www.sennennoki.com/

取り寄せおやつ❸ エクレア
▶ ECLAIR ◀

LOUANGE TOKYO のエクレアート ショコラリュクス
(ルワンジュ 東京)

6本入 ¥4,200

高級すぎてまぶしい〜っ

ワニ革のようなディテールの箱はまるで、宝石箱のよう!!

幻のカカオと呼ばれるマラカイボ地方のクリオロ種のみを使ったチョコを使用

芳醇な香りと深い味わいが特徴だよ〜っ ブラック系チョコレートには無くてはならない存在!

クリオロ種はカカオ豆生産量の中で1割程しか作られていないんだ!!

キラキラ

CHAMPAGNE STRAWBERRY
シャンパン　ストロベリー

- チョコレート
- 中のチョコレートクリームはストロベリーの爽やかな酸味と、ほのかにシャンパンの風味を感じる

CHOCOLATE TRUFFLE
チョコレート　トリュフ

- ホロホロと溶けるトリュフは香りが良い
- 上にかかっているチョコレートは甘めで
- 中のチョコクリームはこっくり濃厚！

FIG FOIEGRAS
フィグ（無花果）　フォアグラ

- 上に、無花果・プルーン・あんずのドライフルーツがのっている
- 中のクリームはこれだけ明るい色をしていてほんのり塩気が効いている（中にもドライフルーツが！）

ORANGE OLIVE
オレンジ　オリーブ

- 上にオレンジの甘露煮・塩気が効いたオリーブがのっている
- 中のチョコクリームはオレンジの酸味が強めでちょっぴりほろ苦い

VIOLET VANILLA
バイオレット（すみれ）　バニラ

- 上にはアラザン（砂糖）とバニラスティックがのっている
- 一口食べると、ものすごく華やかな香りが鼻から抜けていく（すみれの香り）

PORCINO MARRON
ポルチーノ　マロン

- 上には、かぼちゃの種・マカデミアンナッツ・アーモンド・くるみがのっている
- 中のチョコクリームは濃厚！

約30本のカルピスから1個しか作れない「カルピス発酵バター」とお肌の健康にも役立つと言われている最高級の「太陽卵」を使用しているよ！

見た目も、使われている材料も素晴らしいエクレアだ〜。

ヒーッ

SHOP DATA
SALON DE LOUANGE
東京都港区西麻布 4-5-10
営業時間：11:00〜23:00（L.O.22:30）
※日祝日は 11:00〜21:00（L.O.20:30）
URL：http://www.louange-tokyo.com/

取り寄せおやつ④ クッキー
» COOKIE «

アンデルセンの童話クッキー
【11·12月限定】
マッチ売りの少女の夢
¥2,700

クッキー缶をマッチ箱に見立てている!

ひとつひとつが手作り♡

リボンの色は選べる

箱からしてカッコイイ‼

アンデルセンという名、一度くらいは聞いたことあるのでは？ そう！あの有名なパン屋のアンデルセン！実はデンマークのマジパンを使った焼菓子など、ヨーロッパを源流とする様々なスイーツも手がけているのだ‼

童話クッキーシリーズは2ヶ月ごとに変わり、他にも「おやゆび姫」「みにくいあひるの子」「裸の王様」などが限定販売されている

カワイイ！

もみの木、ブーツ、ケーキ、星などの
クッキーが入って
いるので、
クリスマスにも
ピッタリ！！！

ジャーーン

マッチクッキーは
優しい甘さで
ザクザクとした食感
上はチョコレート

しっかりとココナッツ
が入っているマカロン
プレーンとラズベリーの
2種類入っている

その他のクッキー

刻んだチョコが入った
チョコチップクッキーは
噛みしめるうまさ

さくさく
軽いフィンガー
ビスキー

少しホロッとする
アーモンドチョコ
ナッツが香ばしい

黒砂糖を使った
レーズンクッキー
しっとりしている

マーガレット
クッキーは
かわいい花
の形の
バタークッキー

砂糖漬けの
生姜入り
ジンジャー
クッキー

バター、バニラ
アーモンドの
さっくり軽い
バニラクランセ

SHOP DATA
広島アンデルセン　アンデルセンネット
受付時間：10：00〜17：00（土日祝日除く）
URL：http://www.andersen-net.jp/

真剣！！！
これは並べたくなっちゃうね〜
子供がとっても喜びそう…

←レイアウトを
本気で悩む
大人の図

取り寄せおやつ⑤
チョコレート
CHOCOLATE

大人気のミント!!

上の層のミントチョコレートは、とても自然な爽やかさ！それでいて、しっかり口の中がスースーするので大満足

下の層はスイートチョコレート 甘すぎず、ダークすぎず、丁度良い味わい

創業当時は、ミントを求めて大行列ができていたのだって

納得のうまさ
うま うま

ノアゼット

クルミ入りのガナッシュを、ココアパウダーで包んである

- 周りのチョコはパリパリ！
- ココアパウダーはほろ苦い
- クルミの食感が良い

アングレーズ

紅茶（アールグレイ）風味のトリュフをチョコレートでコーティングしてある

- 周りはカリッとしている
- 紅茶の良い香り
- 苦みはない

この2つはアルコール入り

スリーズサングリエール

銀紙→

ブランデーに漬けたチェリーをキルシュ風味のガナッシュで包んである

- 甘めでまったりした濃厚ガナッシュ お酒の風味もたっぷり
- 半切りチェリー ほぼ甘みはなく がっつりお酒が効いている

オレ

りんご酒のガナッシュをチョコレートでコーティングしてある

- 周りはカリッとしている
- ほのかに酸味のあるりんごガナッシュは鼻から良い香りが抜ける

WAAAA AAA
クセのないミントチョコやお酒の入ったトリュフは男性にも喜ばれるね～っっ

アザラシのぼくも大喜びだよ!!!!

SHOP DATA

Chocolatier Erica
東京都港区白金台 4-6-43
営業時間：10:00 ～ 18:30　定休日：8/1 ～ 31、12/31 ～ 1/3
URL：http://www.erica.co.jp/

取り寄せおやつ❻
アイスクリーム
► ICE CREAM ◄

PALETASはメキシコ発祥のアイスキャンディー
着色料は一切使わず、生の新鮮なフルーツを
「果汁・ジェラート・クリーム・ヨーグルト・ソルベ」
の5種類のベースと組み合わせて構成

PALETASの frozen fruit bar

果汁や果実も、可能な限り、厳選
した国産のものを使用している

値段は物によって違うけれど
だいたい 400〜600円くらい

フルーツが凍っても柔ら
かく食べられる技術を
開発し、使用している

完熟状態のフルーツを
ふんだんに使うことで、自然と
お砂糖もセーブされるし、
後味もスッキリ美味しい‼︎

冬のみの販売
イートイン限定！ブリュレシリーズ

アイスの表面に砂糖をまぶし、
鉄板で素早くキャラメリゼしてくれる！
イタリアのデザート「カタラーナ」を
イメージして作られたメニュー

【フレーバーは3種類‼︎】

フランボワーズ・キャラメリゼ
＊ Framboise Brulee ¥480

リンゴ・シナモン・キャラメリゼ
＊ Ringo Brulee ¥480

ラフランス・キャラメリゼ
＊ La France Blee ¥480

まるでフルーツを
食べているかの
ようなアイス‼︎
…うまーーい

フワッ…
ホロホロッな
食感!!

Blueberry Yogurt
ブルーベリーヨーグルト
（ヨーグルトベース） ￥500

ヨーグルトベースと、いちご・フランボワーズ・ブルーベリー・カシスを贅沢にコラボさせたフレーバー

ベリーソースがたっぷりの甘酸っぱい一品

ヨーグルトベースは甘さと酸味は少なめで
とっても濃厚!!

Citrus Mix ￥480
シトラス ミックス
（フルーツジュースベース）

オレンジ・グレープフルーツ・みかん・レモンをミックスした柑橘系
果汁をベースに、皮付きオレンジのスライスや、オレンジ、
ピンクグレープフルーツがたっぷり入っている

ベースは酸味が強めで、とっても爽やか！
オレンジの皮の苦みが良いアクセントになっている

サクサクッ
な食感!!

シャリシャリ
な食感!!

Mix East ￥480
ミックスイースト
（フルーツジュースベース）

1号店OPEN以来、人気1位を独占中のフレーバー
関東のミックスジュースをヒントに作っていて、ベースは優しい
味わいのアップルジュース！そこにパイナップル・オレンジ
キウイ・グレープフルーツ・リンゴが入っている

※ちなみにOPEN当時は関西のミックスジュースをヒントに作った
「Mix West」というフレーバーもあったらしい

SHOP DATA

PALETAS 鎌倉本店
神奈川県鎌倉市御成町 15-7 2F
営業時間：10：00 ～ 18：00　定休日：無休
URL：http://www.paletas.jp/

アルコールベースの
アイスもあるので
是非ご賞味あれ〜

へぇ〜

ネットショップだと
ホワイトサングリアと
ピニャコラーダがあるよ

取り寄せおやつ❼ ゼリー
▶ JELLY ◀

ゼリーのイエ
8個詰合わせセット
¥2,160

福島県で大人気のゼリー専門店！店がOPENする前にお客さんが待機していて、閉店時間前に完売してしまう事が多い

実は作者の地元のお店

当時はよく通って黒ゴマ豆乳ゼリーを食べていたっけ…

地元なの!?

デーーンッ

かわいいお店のマーク!!
ゼリーのイエ

※ 通信販売も大人気で、なかなか手に入りにくい!!
オンラインショップで、週に1度だけ販売受付をしているので、情報チェックを忘れずにするべし

メロンゼリー
メロンシロップのゼリーでヨーグルトと
クリームチーズのムースを包んである
サッパリしたどこかなつかしい味わい

ミルクゼリー
ミルクと少々の生クリームで作ったゼリーで
ブレンドしたほろ苦くて甘いチョコムースを包んである
ゼリーが濃厚でまったりしている

オレンジゼリー
オレンジの果汁でできた酸味のあるゼリーで
オレンジの果汁と生クリームを使ったムースムースを
包んでいる！ムースにはオレンジの果肉入り！！

キャラメルムース
上の層がキャラメル使用のゼリー、下の層が
ミルクゼリー、中には香ばしいキャラメルムース
甘さと香りがすごい一品！コーヒーに合う

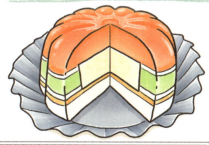

ミックスゼリー
上から、アセロラゼリー、ミルク、メロン、ミルク、オレンジ
ミルクの6層になっていて、中にはクリーミーなチーズムース！
アセロラゼリーは香り高く、甘酸っぱいくて美味しい

ピョン…

この弾力…味の深さ…
ゼリーの概念が覆える
一品を是非食べてみて！

プルルン〜っというより
プリプリッっとした固さ！
他で食べたこと無い！

SHOP DATA
ゼリーのイエ
福島県いわき市小名浜寺廻町7-16
営業時間：9:00〜15:00　定休日：土日祝日
URL：http://zerry-no-ie.net/

取り寄せおやつ⑧
カステラ
■▶ CASTELLA ◀■

Hana SYUMPOO
かすてらキューブ3個入り

> 自由に組み合わせられるから、値段はそれによって変わるよ！

> かすてらキューブの中には、個包装されたかすてらが2切入っている!!

「かすてら」を、花のように美しく、かぐわしく、彩りのある華やかなお菓子にして、四季に流れる旬の風をお菓子で味わっていただきたい…そんな願いがお店の名前になっている

かすてらキューブにはさまざまな種類があり中でも"四季のかすてら"は期間限定商品！今回は何だろう？という楽しさがある

> 個包装されているとしける心配もないし、何より食べきれる2切入なのが嬉しい

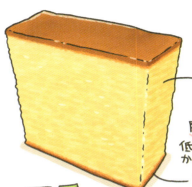

華・かすてらキューブ
1箱2個入 ¥297

- 今まで食べたことがない程にしっとりふわふわ〜
- 甘すぎず、くどくならない生地
- それでいて、卵の風味がしっかりある
- 隠し味に醤油を使っていて、ほんのり塩気と香ばしさが！
- 低温でじっくり焼き上げているそうで、きめ細やかなかすてらは、まさに「和」のケーキのよう…
- 底にはザラメが少し残っている

四季のかすてらキューブ
（今回は栗味）1箱2個入 ¥378

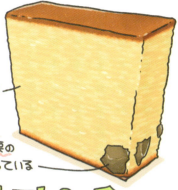

- 一口食べた瞬間、驚く程に「栗」!!!風味がすごい!!!
- 華・かすてらよりも、生地がもっちり・どっしりしていて生地に水分を感じた
- 底にザラメはなく、ほっくりとした渋皮栗の甘露煮がコロコロ入っている

かすてらフレンチトーストキューブ
1箱2個入 ¥518

- 普通の生地よりも硬めのカステラに、卵液を浸し、ひとつずつ丹精込めて焼き上げている
- 焼いてある方（片面）の表面に、しっかりとした歯ごたえがあり、ほんのり醤油の良い風味がする
- 底にはザラメがたくさん!!!ザクザクとした食感が楽しい
- かすてらも、卵液も甘さは控えめなので、ザラメの甘さが丁度良い♡♡

SHOP DATA
Hana SYUMPOO
東京都丸の内1-9-1 JR東日本東京駅構内1F「エキュート東京」内
営業時間：月〜土 8:00〜22:00、日祝日 21:30まで
URL：http://www.ariake-estore.com/

Hana SYUMPOOさんのかすてらは、米粉を使っているからか、全体的に軽くふわふわで美味しかった！

お気に入りのかすてらSHOPになった！

取り寄せおやつ ⑨
どら焼き
▶ DORAYAKI ◀

どら焼き専門店 丹坊

商品によって値段が違うよ!

60年にわたり、お菓子を作り続けてきた職人の「ワザ」を生かして2013年に開業

美味しいだけではなく、見た目にも楽しめるお菓子作りに取り組んでいて、定番のどら焼きから旬のフルーツが入った物まで種類が豊富!!

※フルーツが入った商品は傷みやすいので、店頭販売のみ

パカッ!!
どら焼きが2段になって入る化粧箱

生(なま)どら　￥180

こだわりの粒あんに、生クリームがのっている
粒あんは香りが良い「しゅまり小豆」「エリモ小豆」を使用
後味がさっぱりしているので、どんどん食べられる〜
生クリームと一緒に食べると、まるで洋菓子のよう
とってもクリーミーで美味しい

抹茶(まっちゃ)　￥260

ベースの粒あんは同じ
その上に抹茶クリームがのっている
抹茶は京都宇治の高級品を使用しており
しっかりほろ苦く、香りが良い!
抹茶クリーム自体は甘さ控えめなので、粒あんの味も邪魔せず、相性バッチリ

ラムレーズン
洋酒葡萄 ¥215

一口食べると、ラムの香りがフワッ…

ベースはクリームチーズで出来ており、とっても濃厚！そこにしっかりお酒に漬かったレーズンがゴロゴロ混ざっている…とても美味しい！これは、特に女性がとても好きそう〜

くるみごま
胡桃胡麻 ¥220

粒あんに、濃厚な黒すり胡麻をたっぷり加えた黒胡麻あんがベース！とても香りが良い！
中には細かい胡桃が入っていて、噛むと「カリッカリッ」と心地良い歯ごたえがする
まるでふわふわの「月餅」を食べているかのよう

はくさん
白山 ¥270

洋菓子のモンブランをイメージしたどら焼きで
白あん＋生クリーム＋マロンペーストの順で重なっている
白あんはとっても上品で主張しすぎず、マロンペーストは風味豊かで、濃厚！2つの濃さが生クリームでまろやかになり美味しい！まさにモンブラン

らっかせい
落花生 ¥200

個人的にかなりハマった一品であり、丹坊でも一番人気のオリジナル商品❀❀
粒あんの下にある落花生の食感が良い
ピーナッツバター！エッ…合うの!?と思うかもしれないが塩気のある、ねっとり濃厚なピーナッツバターと粒あんが最高にうまい!!大好き!!（笑）

SHOP DATA
丹坊 本店
福島県福島市丸子字漆方 18-9
営業時間：10:00〜18:00　定休日：水曜
URL：http://tanbcu.jp/

ジャーン

丹坊のどら焼きは皮も絶品なので、皮のみの"空"という商品もあるよ！オススメ！

ふんわりしっとり食感で
はちみつの香りが良いんだ〜
ジャムや好きな物を挟んで食べよう！

取り寄せおやつ⑩
せんべい&おかき
▶ RICE CRACKER & OKAKI ◀

サムライ煎兵衛

豊かな自然で育った北海道米100%を使い焼き上げたせんべいのお店！扱っている商品は手焼きせんべいをはじめ、おかきやバターせんべいまである

使用されている北海道米は
「ゆめぴりか」「ふっくりんこ」「おぼろづき」の3種類
《米が変わるだけで、そんなに違いがあるの？》
と思うかもしれないが…これが全然違う！

製粉方法や焼き方で変わってくるのだって！

↑
顔がお米になっている侍が目印のパッケージ

手焼きせんべい
（フレーバーによって値段は異なる）

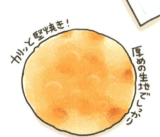

カリッと堅焼き！
厚めの生地でしっかり

ゆめぴりか
王道でどこか懐かしい味わい

うす焼きパリパリ～
色が薄く・あっさり

ふっくりんこ
優しい味わいを感じられる

ざくざく荒めっ
あらごしで凸凹

おぼろづき
米の粒が残っている生地

フレーバーはかなり豊富!! 20種類以上!!
* レモンザラメ（¥130）…爽やかなレモン風味のざらめ（酸味はない）が表面にたっぷり
* 海老塩（¥130）…海老の殻がついていて、とても香ばしく、塩味がより一層美味しく感じる
* トリュフ塩（¥160）…とても人気の一品で、粒々トリュフがのっている！トリュフ独特の香りがする

サムライおかき ¥480

わさび
辛さは強くないけれど、しっかりわさびの「ツーン」という風味が感じられる一品‼

サクサク食感の中にある油の重みも、わさび味だと気にならず、手が止まらない…また、ビールによく合う(笑)

バター醤油
口の中に入れた瞬間、とても良いバターの香りが口いっぱいに広がる‼！
ほんのり香ばしい醤油味がとても良く、少量でも満足感のある一品！子供も好きそう〜

他にも北海道カマンベールチーズや、トウモロコシ、エビマヨ、あんこなど18種類あるよ‼

1つにつき4袋入ってる！

海鮮おかき ¥540

サーモンペッパー

口に入れると、まずペッパーが主張してきて、噛んでいくうちに((あれ…これ…脂ののっているサーモンの風味だ‼))と感動する

濃すぎない味付けで、あっさりしていてヒョイヒョイ食べられるし、カリッとしているおかきがとても美味しい！

個包装されたおかきが箱にぎっしり‼

カリッ ザクザク…

その他に濃厚海老、エビマヨ、海苔ホタテがあるよ〜‼
全4種

珍しいフレーバーが沢山あるから、色々な種類を注文して、みんなで食べ合うのも楽しそう！

まだまだ気になる味があるーっ

ピョン

SHOP DATA

サムライ煎兵衛
北海道札幌市中央区南2条西25丁目1-18
営業時間：10：00〜18：00　定休日：不定休
URL：http://www.samurai-senbei.com/

おわりに

おいしい食べ物って、誰かに教えたくなりませんか？
思い返せば、お菓子屋さんに勤めていた頃、
ぼくは自社商品のPOP作成を担当していました。
その頃から食べ物の絵を描くのが大好き。
もちろん食べるのも大好き。
同僚ともよくスイーツ巡りをしていました。
ところが上京してからは、めっきり行かなくなり……

そんななか、今回の夢のような企画をいただいたのです。
はじめは「東京のおいしいスイーツを食べられるなんてサイコー!!」
と喜んでいました……が、実際に食べ歩きをしてみるとかなりハード（笑）。
ぼくと、担当さんと、助っ人の友達3人で一日かけて店をまわり、
1軒につき3～4品のスイーツを食べ歩きました。
そうすると、大好きなスイーツを食べていても脳みそが
「もう甘い物は食べられない！」と信号を出してくるのです。
（しょっぱい物は別腹で、お腹いっぱいでもペロッと食べられる……）

それでも、毎回おいしいお店を訪ねることはとても楽しくて。
上京してから6年間、ほとんど家の周りしか知らなかったぼくですが、
今ではおすすめのお店を紹介できるまでになりました。
食べ歩くなかで今まで見たこともないスイーツにも出会うことができ、
今後のレシピを作る仕事にも活かしていけそうで、よい経験になりました。

最後に、
おやつの旅をともに歩いたTさん、お疲れさまでした！
助っ人の友達！ 忙しいなか付き合ってくれたの感謝してる！
そしてこの本に携わってくださった皆様、本を手にとってくださった皆様、
本当にありがとうございます。

みなさんのスイーツなひと時の参考にしていただけら嬉しいです。

boku.

SHOP INDEX

洋菓子編 Part.1

P28-33　パイ・タルト

ラ・メゾン アンソレイユターブル ルミネ池袋店
東京都豊島区西池袋 1-11-1
ルミネ池袋 5F
⊙ 11：00 ～ 21：30
㊡ 不定休
🖥 http://www.la-maison.jp/

MATSUNOSUKE N.Y. 代官山店
東京都渋谷区猿楽町 29-9
ヒルサイドテラス D-11
⊙ 平日 9：00 ～ 18：00（L.O17：30）土日祝日 9：00 ～ 19：00（L.O18：30）
㊡ 月曜
🖥 http://www.matsunosukepie.com/

ママ タルト 上野毛店
東京都世田谷区上野毛 1-22-17 1F
⊙ 11：30 ～ 19：00
㊡ 月曜・火曜（祝日の場合は翌日）

P34-39　ドーナツ

nico ドーナツ 麻布十番店
東京都港区麻布十番 1-7-9
⊙ 10：00 ～ 20：00
（売切れ次第閉店）
㊡ 不定休
🖥 http://nico-donut.jp/

PÂTISSERIE ASAKO IWAYANAGI
東京都世田谷区等々力 4-4-5
⊙ 10：00 ～ 19：00
㊡ 月曜
🖥 http://www.a-patisserie.com/

パティスリー・ル ラピュタ
東京都江戸川区西葛西 3-3-1 1F
⊙ 10：00 ～ 20：00
㊡ 水曜
🖥 http://lelaputa.com/

P22-27　モンブラン

和栗や 東京店
東京都台東区谷中 3-9-14
⊙ 11：00 ～ 19：00
㊡ 月曜（繁忙期、秋期、祝日は営業）
🖥 http://waguriya.com/

キャトルセゾン
東京都世田谷区南烏山 5-24-11
⊙【テイクアウト】10：00 ～ 20：00
【カフェ】10：00 ～ 19：30（L.O.）
㊡ 水曜

モンブラン
東京都目黒区自由が丘 1-29-3
⊙ 10：00 ～ 19：00（喫茶 18：40 L.O.）㊡ 無休
🖥 http://www.mont-blanc.jp/

P10-15　ショートケーキ

ホテルニューオータニ パティスリー SATSUKI
東京都千代田区紀尾井町 4-1
⊙ 11：00 ～ 21：00
㊡ 無休
🖥 http://www.newotani.co.jp/tokyo/restaurant/p_satsuki/

フレンチパウンドハウス 大和郷
東京都豊島区巣鴨 1-4-4
⊙ 10：00 ～ 20：00
㊡ 無休（ただし 12/31 は 18：00 まで、新年は 1/5 12：00 より営業）
🖥 http://www.frenchpoundhouse.com/

パティスリー・パリ セヴェイユ
目黒区自由が丘 2-14-5
館山ビル 1F
⊙ 10：00 ～ 20：00
㊡ 無休

P16-21　チーズケーキ

ヨハン
東京都目黒区上目黒 1-18-15
⊙ 10：00 ～ 18：30
㊡ 無休
🖥 http://johann-cheesecake.com/

SHOP INDEX

セバスチャン
東京都渋谷区神山町 7-15-102
㊡ 月によって変動するため、必ずツイッターか電話で確認してください。
Twitter：@hk_sebas

P52-57　パフェ

新宿本店
タカノフルーツパーラー
東京都新宿区新宿 3-26-11 5F
⊙ 11：00 ～ 21：00
（L.O 20：30）
㊡ 不定休
🖥 http://takano.jp/parlour/

フルーツパーラー　ゴトー
東京都台東区浅草 2-15-4
⊙ 11：00 ～ 19：00
㊡ 水曜

Café 中野屋
東京都町田市原町田 4-11-6
中野屋新館 1F
⊙ 平日 11：00 ～ 定員制
（開店時から満席になり次第受け付け制。状況により早く閉店することもあります）
㊡ 水曜

カフェ　アクイーユ　恵比寿
東京都渋谷区恵比寿西 2-10-10
⊙ 11：00 ～ 23：00
（L.O フード 22：00、ドリンク 22：30）
㊡ 年末年始
🖥 http://accueil.co.jp/

幸せのパンケーキ　渋谷店
東京都渋谷区道玄坂 1-18-8
道玄坂プラザ仁科屋ビル 3F
⊙ 10：00 ～ 20：30
㊡ 不定休

P46-51　かき氷

氷蜜　ひみつ堂
東京都台東区谷中 3-11-18
⊙ 10：00 ～ 18：00 頃
（曜日により 20：00 まで、閉店が早まるときも有）
㊡ 月曜（10月～5月は火曜）
🖥 http://himitsudo.com/

かき氷工房　雪菓
東京都豊島区巣鴨 3-37-6
⊙ 平日 11：00 ～ 17：00、
土日祝日 11：00 ～ 17：00
㊡ 月曜
🖥 http://www.atelier-sekka.com/

CAMDEN'S BLUE ★ DONUTS DAIKANYAMA
東京都渋谷区代官山町 13-1
THE MART AT FRED SEGAL 内
⊙ 9：00 ～ 20：00
㊡ 年末年始
🖥 http://camdensbluestardonuts.jp/

フロレスタ　高円寺店
東京都杉並区高円寺北 3-34-14
庚申通り商店街
⊙ 9：00 ～ 21：00
㊡ 不定休
🖥 http://www.nature-doughnuts.jp/

P40-45　パンケーキ

レインボーパンケーキ
東京都渋谷区神宮前 4-28-4
ARES GARDEN OMOTESANDO 2F
⊙ テーブル席 10：00 ～ 17：00、
個室（予約制）9：30 ～ 21：00
㊡ 火曜
🖥 http://www.rainbowpancake.net/

SHOP INDEX

Part.2 和菓子編

P78-83　抹茶のお菓子

茶庭 然花抄院
渋谷ヒカリエShinQs店
東京都渋谷区渋谷 2-21-1
渋谷ヒカリエ ShinQs 5F
⊙ 10：00〜21：00
㊡無休（渋谷ヒカリエ ShinQs に準ずる）
🔗 http://zen-kashoin.com/

紀の善
東京都新宿神楽坂 1-12
紀の善ビル
⊙ 火曜〜土曜 11：00〜20：00（L.O. 19：30）、日祝日 11：30〜18：00（L.O. 17：00）
㊡月曜（祝日の場合は翌日）
🔗 http://www.kinozen.co.jp/

京はやしや　西武池袋店
東京都豊島区南池袋 1-28-1
西武池袋店 8F
⊙ 月曜〜金曜 11：00〜23：00、土日祝日 10：30〜23：00（L.O. 22：30）
㊡無休
🔗 http://www.kyo-hayashiya.com/

P72-77　豆大福

瑞穂
東京都渋谷区神宮前 6-8-7
⊙ 8：30〜売り切れ次第
㊡日曜、8月中旬、年末年始

群林堂
東京都文京区音羽 2-1-2
⊙ 9：30〜17：00
（無くなり次第閉店）
㊡日曜

松島屋
東京都港区高輪 1-5-25
⊙ 9：30頃〜18：00
㊡日曜・月 2 回月曜不定休

喜田屋
東京都杉並区西荻北 3-31-15
⊙ 9：30〜19：00
㊡月曜

P66-71　たい焼き

たいやき　わかば
東京都新宿区若葉 1-10
小沢ビル 1F
⊙ 平日 9：00〜19：00、
土曜は 18：30 まで、
祝日は 18：00 まで
㊡日曜

たいやき　神田達磨
神田小川町本店
東京都千代田区神田小川町 2-1
⊙ 月曜〜土曜 12：00〜21：00 頃、日祝日 12：00〜20：00 頃　㊡無休
🔗 http://taiyaki.root-s.com/

柳屋
東京都中央区日本橋人形町 2-11-3
⊙ 12：30〜18：00
㊡日曜・祝日

SHOP INDEX

あんみつ みはし 上野本店
東京都台東区上野 4-9-7
🕙 10：30〜21：30
㊡不定休
💻 http://www.mihashi.co.jp/

P90-95　あんみつ

銀座 若松
東京都中央区銀座 5-8-20
コアビル1F
🕙 11：00〜20：00
（L.O. 19：30）
㊡無休
💻 http://ginza-wakamatsu.co.jp/

甘味処 みつばち
東京都文京区湯島 3-38-10
🕙 10：00〜21：00（売店）
10：30〜20：00（喫茶）
㊡無休
💻 http://www.mitsubachi-co.com/

P84-89　だんご

羽二重団子 本店
東京都荒川区東日暮里 5-54-3
🕙 9：00〜17：00
㊡無休
💻 https://www.habutae.jp/

向島 言問団子
東京都墨田区向島 5-5-22
🕙 9：00〜18：00
㊡火曜
💻 http://www.kototoidango.co.jp/

髙木屋老舗
東京都葛飾区柴又 7-7-4
🕙 7：30〜18：00
㊡無休
💻 http://www.takagiya.co.jp/

●本書で紹介した商品の一部は、期間限定商品、現在は販売を終了しているものもありますのであらかじめご了承ください。
●本書に掲載している情報は、2016年11月現在のものです。変更になる場合もありますので、詳しくは各店舗にお問い合わせください。

STAFF

菓子撮影	ぼく
アートディレクション	江原レン（mashroom design）
デザイン	佐藤安那（mashroom design）
DTP	アーティザンカンパニー
校正	西進社

ぼくのおやつ巡り
2016年11月25日 初版第1刷発行

著　者　　ぼく
発行者　　滝口直樹
発行所　　株式会社マイナビ出版
　　　　　〒101-0003
　　　　　東京都千代田区一ツ橋2-6-3 一ツ橋ビル2F
　　　　　☎0480-38-6872（注文専用ダイヤル）
　　　　　03-3556-2731（販売部）
　　　　　03-3556-2735（編集部）
　　　　　http://book.mynavi.jp
印刷・製本　中央精版印刷株式会社

○定価はカバーに記載してあります。
○落丁本、乱丁本はお取り替えいたします。お問い合わせは
TEL：0480-38-6872（注文専用ダイヤル）、または電子メール：sas@mynavi.jpまでお願いいたします。
○内容に関するご質問は、マイナビ出版編集第2部まではがき、封書にてお問い合わせください。
○本書は著作権法上の保護を受けています。本書の一部あるいは全部について、著者、発行者の許諾を得ずに無断で複写、複製（コピー）することは禁じられています。

ISBN 978-4-8399-5961-6
©2016 BOKU ©2016 Mynavi Publishing Corporation
Printed in Japan